Einstern

Mathematik für Grundschulkinder

3

Themenheft 4

Zahlen und Operationen
Schriftliche Subtraktion

Größen und Messen
Geld

Erarbeitet von
Roland Bauer
Jutta Maurach

In Zusammenarbeit
mit der
Cornelsen Redaktion
Grundschule

Cornelsen

Einstern 3

Mathematik für Grundschulkinder
Themenheft 4
Zahlen und Operationen
Schriftliche Subtraktion
Größen und Messen
Geld

Erarbeitet von: Roland Bauer, Jutta Maurach
unter Beratung von: Susanne Augustin, Elke Pschibl-Brandl, Florian Strehl (Hof); Meike Erben, Claudia Wendl (Straubing); Rita Gropp, Alexandra Parzefall (Bach a. d. Donau); Andrea Koch, Ulrike Schmucker (Schrobenhausen)
Redaktion: Peter Groß, Uwe Kugenbuch, Anja Augustin
Layout und technische Umsetzung: lernsatz.de
Illustration: Yo Rühmer
Umschlaggestaltung: Ulrike Kuhr

Pflichtseiten
Wahlseiten
Handlungshinweis
besprechen mit einem Partner
besprechen in der Gruppe
besprechen in der Gruppe
Weitere Hinweise für die Lehrkraft befinden sich auf der hinteren (inneren) Umschlagseite.
Aufgaben mit unterschiedlichen Anforderungsniveaus:
1 ausrechnen, ausführen, wiedergeben
d) Teilaufgabe mit erhöhter Anforderung
1 erkennen, fortsetzen, anwenden
d) Teilaufgabe mit erhöhter Anforderung
1 Lösungswege selbst entwickeln, darstellen, begründen und übertragen
arbeiten mit dem Lerntagebuch
→ AH Seite … Hinweis auf die passende Seite im Arbeitsheft
Aufgaben, die du in deinem Heft löst

www.cornelsen.de

1. Auflage, 1. Druck 2015

Alle Drucke dieser Auflage sind inhaltlich unverändert und können im Unterricht nebeneinander verwendet werden.

Druck: PHOENIX PRINT GmbH

ISBN 978-3-06-083480-8

Bildnachweis

6, 9, 10, 25, 26 Euromünzen: Europäische Union; Euroscheine: Deutsche Bundesbank

Inhaltsverzeichnis

H Z E
5 7 7
- 3 8 6
1
577
- 386
191
Leichte Aufgaben rechne ich im Kopf.
Aber wenn ich im Kopf rechne, geht es manchmal schneller.
Wenn ich schriftlich rechne, mache ich weniger Fehler.
Ich zeige dir, wie du schriftlich subtrahieren kannst.

1 Bei einigen Verkaufsständen liegen die Einnahmen auf dem Tisch. Davon müssen noch Rechnungen bezahlt werden. Zeichne und schreibe die Minusaufgabe auf.

a) Getränkestand

Seite 5 Aufgabe 1

a)	Hunderter	Zehner	Einer
	100	10	1 1
	~~100~~	~~10~~	~~1~~ ~~1~~
		~~10~~	

234 € − 122 €

b) …

b) Grillstand

c) Butterbrezen

d) Pizza

e) Belegte Brötchen

* übersetzen Problemstellungen einer Sachsituation in ein mathematisches Modell
* legen Geldbeträge mit Rechengeld stellengerecht untereinander und subtrahieren sie
* nutzen planvoll und systematisch die Struktur des Zehnersystems

1 Alle Rechnungen wurden bezahlt.
Übertrage jede Minusaufgabe in eine Stellenwerttabelle.
Berechne den Gewinn. Sprich dazu wie Einstern.

a) Getränkestand 

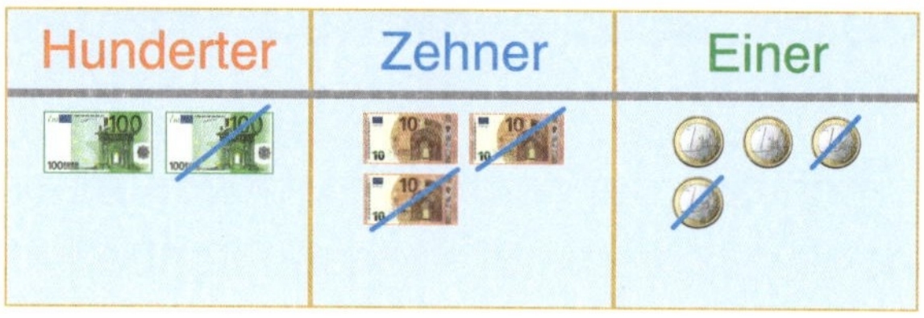

Seite 6 Aufgabe 1

a)	H	Z	E	b) ...
	2	3	4	
–	1	2	2	
	1	1	2	

Gewinn: 1 1 2 €

b) Grillstand 

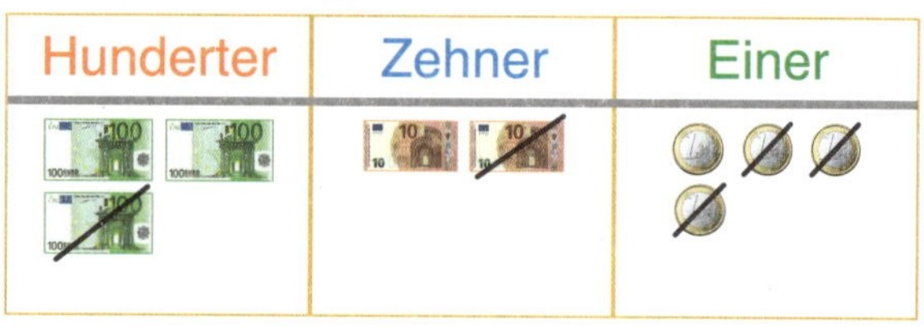

c) Butterbrezen 

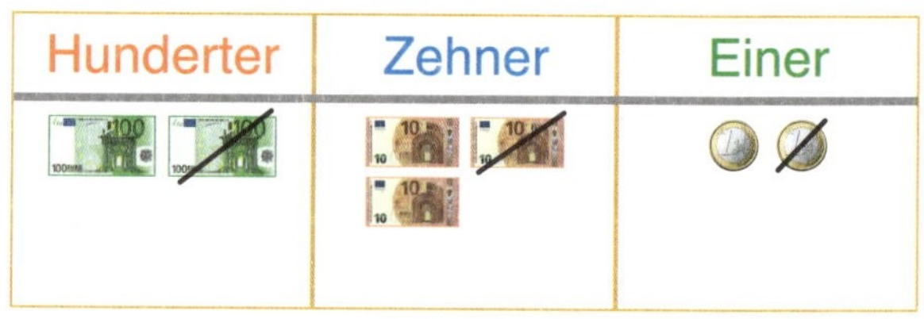

d) Pizza 

e) Belegte Brötchen 

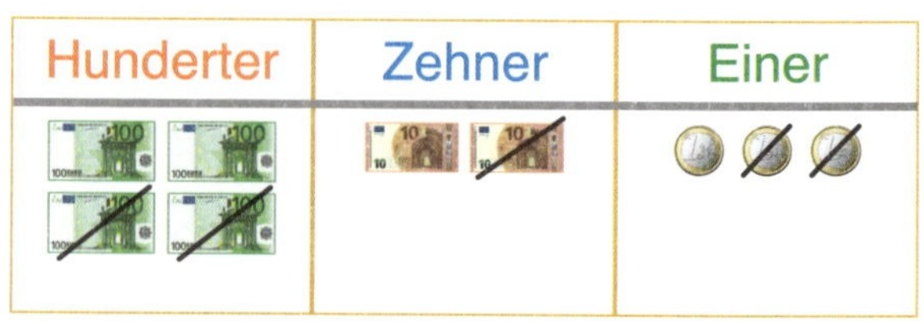

f) Schminkecke 

g) Schokokuss-Schleuder 

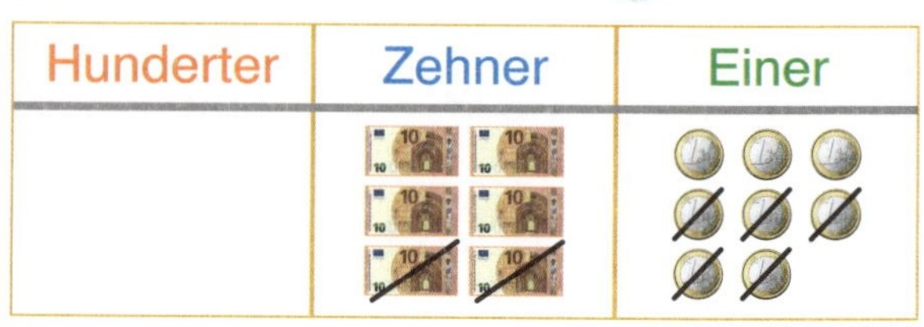

⋆ nutzen planvoll und systematisch die Struktur des Zehnersystems
⋆ übertragen eine Darstellung in eine andere
⋆ lösen Aufgaben zur Subtraktion im Zahlenraum bis 1 000

Subtraktionsaufgaben in der Stellenwerttabelle darstellen

1 Übertrage die Rechenbilder in Stellenwerttabellen.
Bestimme jeweils das Ergebnis.
Beginne bei den Einern. Sprich dazu wie Einstern.

a)

Hunderter	Zehner	Einer
□□□⧄⧄	||||| |ǂǂǂ	••øøø ø

Seite 7 Aufgabe 1

a)

	H	Z	E
	5	9	6
–	2	3	4
	3	6	2

b) ...

b)

Hunderter	Zehner	Einer
□□□⧄⧄ ⧄	|||ǂǂ	••••ø øøø

c)

Hunderter	Zehner	Einer
□□⧄	||ǂǂǂ	•••øø

d)

Hunderter	Zehner	Einer
□□⧄⧄	||ǂǂǂ ǂǂ	•øøø

e)

Hunderter	Zehner	Einer
□□⧄⧄⧄	|||ǂǂ ǂǂ	••••• •øø

f)

Hunderter	Zehner	Einer
□□⧄⧄⧄ ⧄⧄⧄	||||| ǂǂǂ	••ø

g)

Hunderter	Zehner	Einer
□□□⧄	|ǂǂǂ	••øøø øøøø

2 Zeichne Rechenbilder zu den Aufgaben.

a) 346 – 213
b) 435 – 324
c) 524 – 312
d) 354 – 143
e) 285 – 142
f) 176 – 153
g) Denke dir zwei Aufgaben aus und zeichne Rechenbilder dazu.

Seite 7 Aufgabe 2

a)

Hunderter	Zehner	Einer
□⧄⧄	|||ǂ	•••øøø
1	3	3

b) ...

* nutzen planvoll und systematisch die Struktur des Zehnersystems
* übertragen eine Darstellung in eine andere
* verwenden Fachbegriffe richtig

In der Stellenwerttabelle abziehen

Beachte:

Beginne bei den Einern.
Rechne von oben nach unten.

1 Zeichne die Stellenwerttabellen in dein Heft.
Rechne und sprich dazu. Bitte ein anderes Kind, deine Sprechweise zu überprüfen.

a)

	H	Z	E
	5	7	6
–	3	4	5

b)

	H	Z	E
	5	3	5
–	4	1	4

c)

	H	Z	E
	6	8	9
–	3	4	7

d)

	H	Z	E
	9	7	7
–	3	5	3

e)

	H	Z	E
	7	4	3
–	4	3	2

f)

	H	Z	E
	8	7	4
–	6	5	2

Seite 8 Aufgabe 1

a)

	H	Z	E
	5	7	6
–	3	4	5
	2	3	1

b) ...

2 Schreibe jede Aufgabe in eine Stellenwerttabelle und berechne das Ergebnis durch Abziehen.

a) 739 – 23 = ☐ b) 589 – 352 = ☐
c) 877 – 665 = ☐ d) 563 – 251 = ☐
e) 856 – 4 = ☐ f) 476 – 354 = ☐

Seite 8 Aufgabe 2

a)

	H	Z	E
	7	3	9
–		2	3
	7	1	6

b) ...

3 Schreibe die Zahlen wie in der Stellenwerttabelle untereinander und berechne das Ergebnis durch Abziehen.

a) 647 – 435 = ☐ b) 858 – 346 = ☐
c) 557 – 36 = ☐ d) 772 – 360 = ☐
e) 689 – 5 = ☐ f) 464 – 32 = ☐

Seite 8 Aufgabe 3

a)

	6	4	7
–	4	3	5
	2	1	2

b) ...

* nutzen planvoll und systematisch die Struktur des Zehnersystems
* übertragen eine Darstellung in eine andere
* verwenden Fachbegriffe richtig

Geldbeträge zeichnen, Zehner wechseln und abziehen

462 € – 327 € = ▢ €

462 € legen

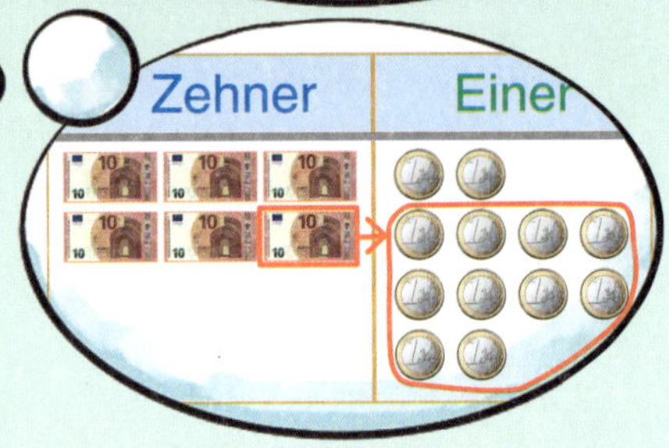

Einen Zehner in Einer wechseln

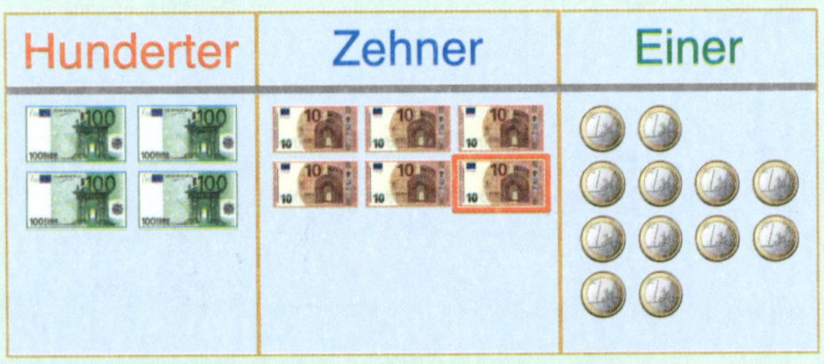

	H	Z	E
	4	6	2
		I	
–	3	2	7

Abziehen

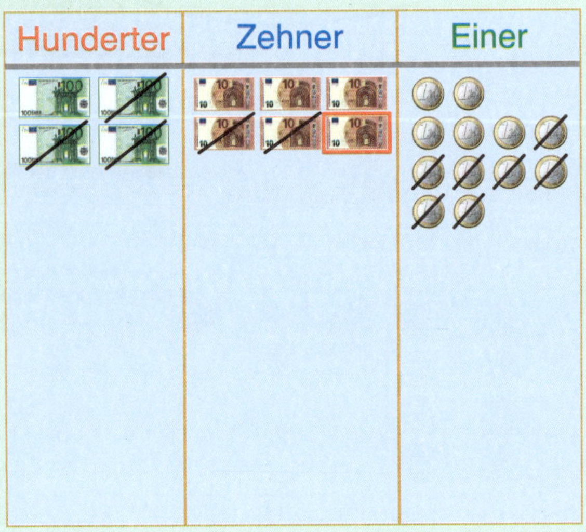

	H	Z	E
	4	6	2
		I	
–	3	2	7
			5

	H	Z	E
	4	6	2
		I	
–	3	2	7
	1	3	5

1 Zeichne die Subtraktionsaufgabe als Bild.
Notiere dein Vorgehen in der Stellenwerttabelle.

674 € – 456 € = ▢ €

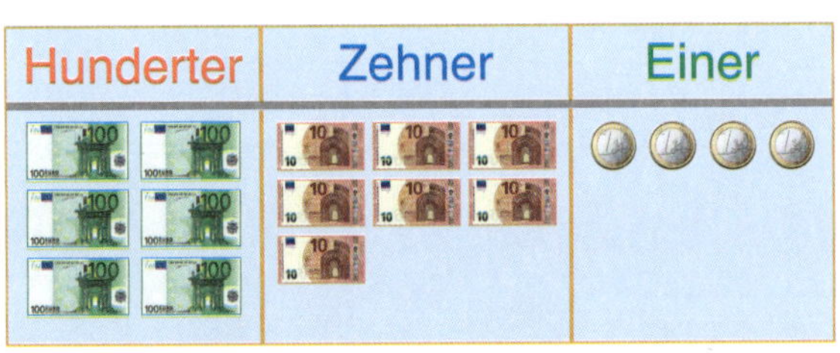

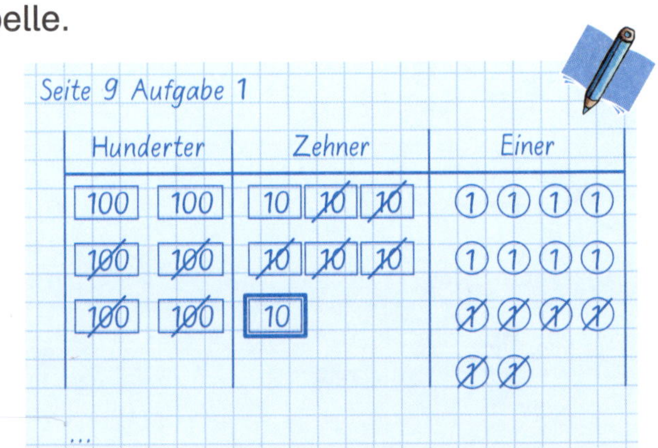

* nutzen planvoll und systematisch die Struktur des Zehnersystems
* wechseln Geldbeträge
* übertragen eine Darstellung in eine andere

→ AH Seite 44

1 Übertrage die Subtraktionsaufgabe in eine Stellenwerttabelle. Wechsle um und rechne.

a) 635 € – 274 € = ▢ €

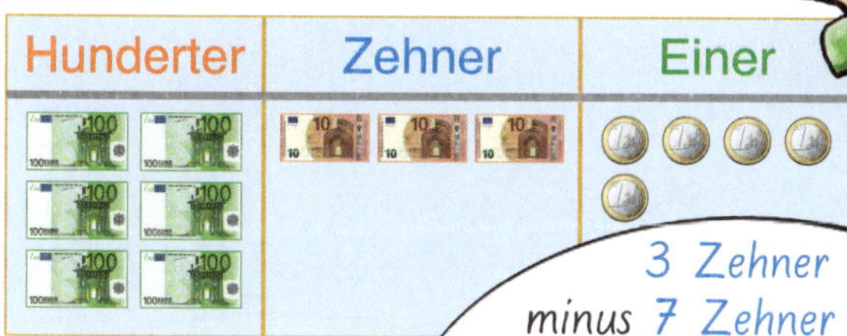

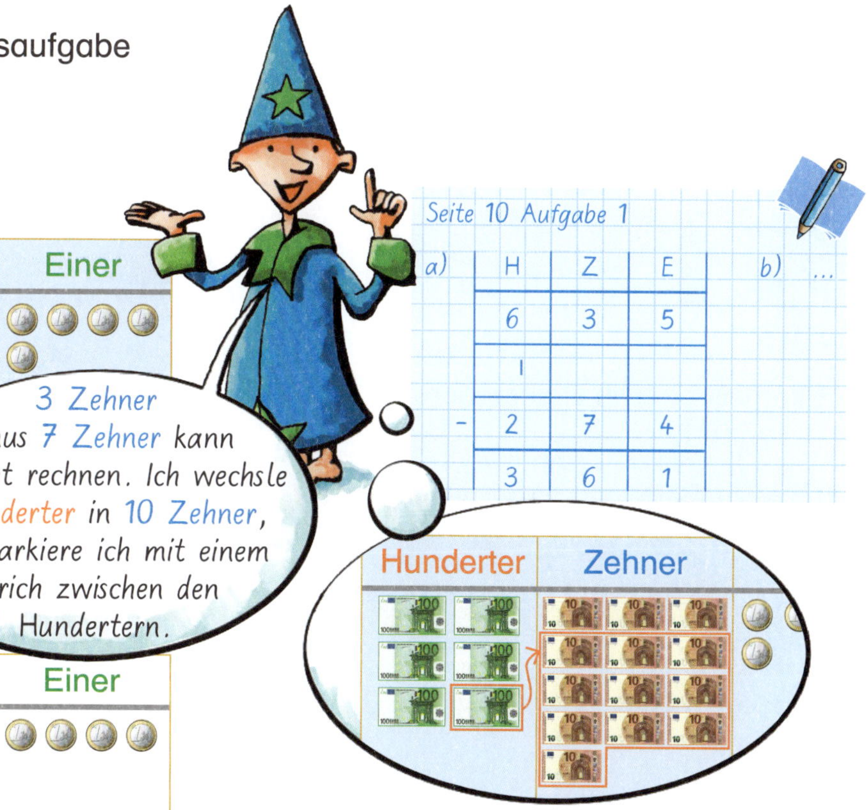

b) 734 € – 281 € = ▢ €

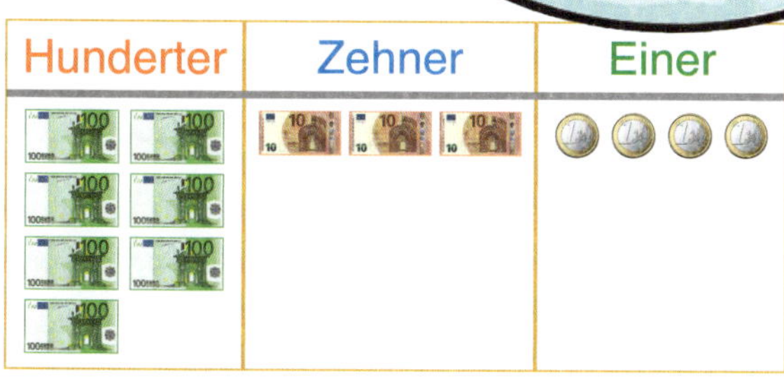

c) 815 € – 552 € = ▢ €

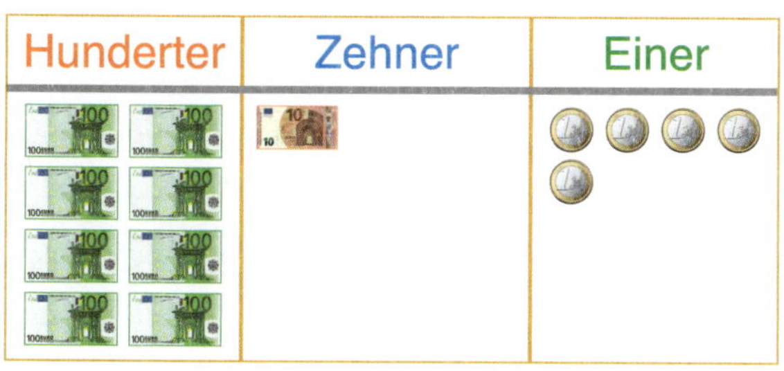

d) 857 € – 675 € = ▢ €

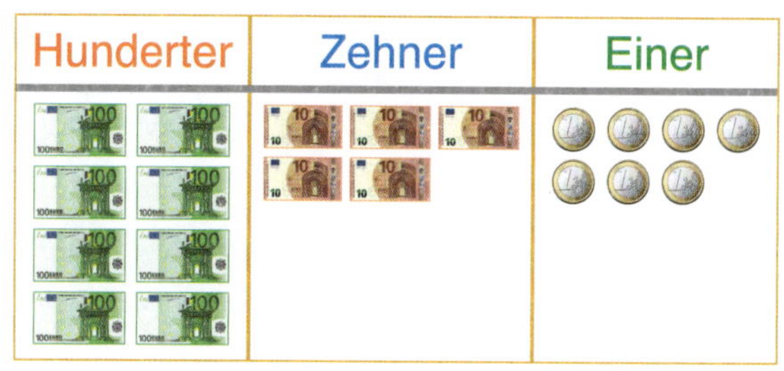

e) 634 €€ – 481 € = ▢ €

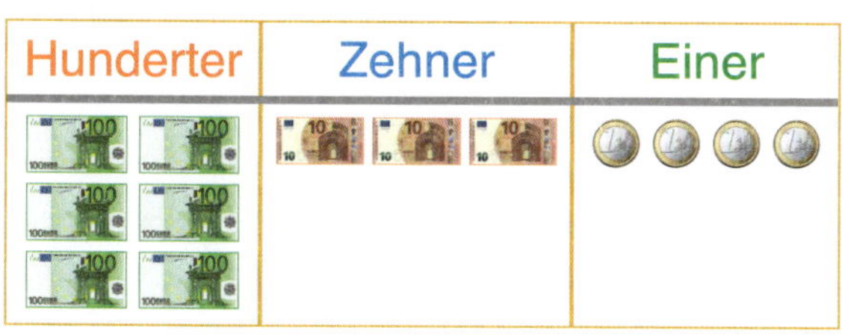

f) 526 € – 341 € = ▢ €

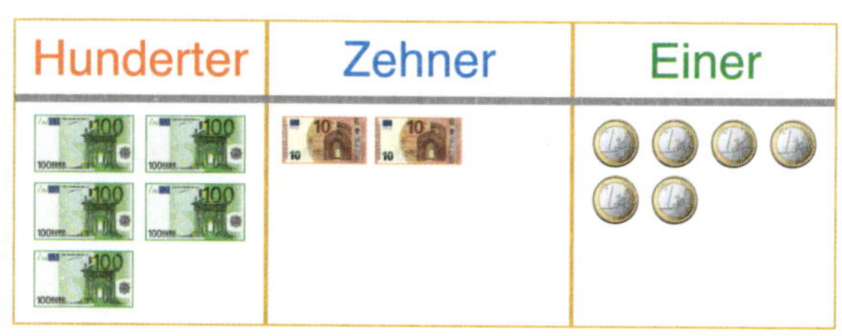

g) 449 € – 362 € = ▢ €

h) 363 € – 192 € = ▢ €

* nutzen planvoll und systematisch die Struktur des Zehnersystems
* wechseln Geldbeträge
* übertragen eine Darstellung in eine andere

→ AH Seite 45

1

Lege und sprich wie Tim.
Wechsle eine Zehnerstange in Einzelne um.

a) 343 − 228 = ▢ b) 543 − 216 = ▢
c) 432 − 315 = ▢ d) 341 − 126 = ▢
e) Denke dir selbst zwei Aufgaben aus.

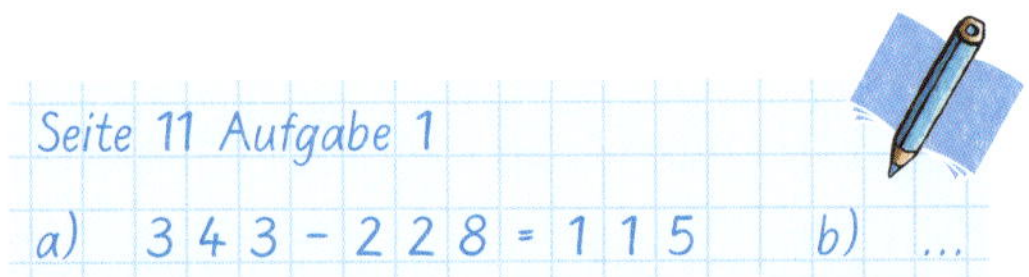

2

Lege und sprich wie Lea.
Wechsle eine Hunderterplatte in Zehnerstangen um.

a) 337 − 156 = ▢ b) 549 − 386 = ▢
c) 726 − 574 = ▢ d) 816 − 632 = ▢

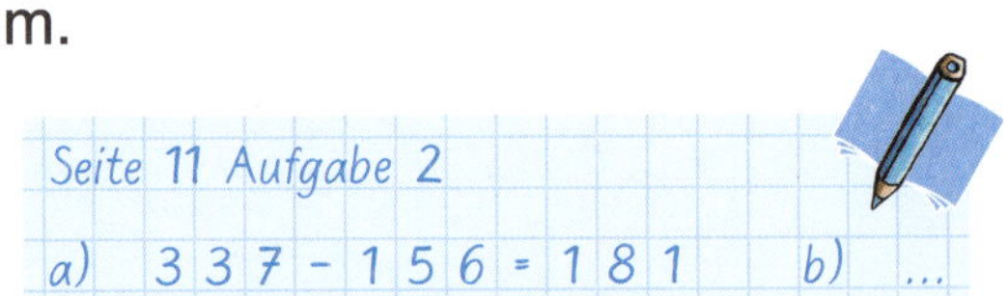

Schreibweise beim Abziehverfahren kennenlernen

	H	Z	E
	7	9	2
		I	
−	4	6	8
	3	2	4

E: 2 Einer minus 8 Einer geht nicht.
Ich wechsle einen Zehner in 10 Einer und markiere mit einem Strich.
12 Einer minus 8 Einer gleich 4 Einer, 4 an.

Z: 9 Zehner minus 1 Zehner, minus 6 Zehner gleich 2 Zehner, 2 an.

H: 7 Hunderter minus 4 Hunderter gleich 3 Hunderter, 3 an.

1 Berechne durch Abziehen und sprich dazu.

a)

	H	Z	E
	3	5	1
−	2	3	7

b)

	H	Z	E
	7	6	1
−	3	1	7

c)

	H	Z	E
	4	9	1
−	2	5	8

d)

	H	Z	E
	8	7	2
−	4	3	8

e)

	H	Z	E
	5	3	4
−	3	1	6

f)

	H	Z	E
	9	5	3
−	6	2	7

Seite 12 Aufgabe 1

a)

	H	Z	E
	3	5	1
		I	
−	2	3	7
	1	1	4

b) ...

	H	Z	E
	5	2	8
	I		
−	3	6	1
	1	6	7

E: 8 Einer minus 1 Einer gleich 7 Einer, 7 an.

Z: 2 Zehner minus 6 Zehner geht nicht.
Ich wechsle einen Hunderter in 10 Zehner und markiere mit einem Strich.
12 Zehner minus 6 Zehner gleich 6 Zehner, 6 an.

H: 5 Hunderter minus 1 Hunderter, minus 3 Hunderter gleich 1 Hunderter, 1 an.

2 Berechne durch Abziehen und sprich dazu.

a)

	H	Z	E
	7	5	8
−	3	7	4

b)

	H	Z	E
	4	3	7
−	2	8	1

c)

	H	Z	E
	8	5	8
−	5	8	5

d)

	H	Z	E
	6	1	9
−	3	4	7

e)

	H	Z	E
	5	4	6
−	2	6	5

f)

	H	Z	E
	9	6	4
−	5	8	3

Seite 12 Aufgabe 2

a)

	H	Z	E
	7	5	8
	I		
−	3	7	4
	3	8	4

b) ...

★ nutzen planvoll und systematisch die Struktur des Zehnersystems
★ wenden das Verfahren der schriftlichen Subtraktion an
★ verwenden Fachbegriffe richtig

→ AH Seite 46

Mehrfachen Stellenwertübergang kennenlernen und üben

1 Betrachte den mehrfachen Stellenwertübergang. Rechne und sprich dazu.

Zehner und Hunderter beim Abziehverfahren wechseln

	H	Z	E
	6	2	4
	ı	ı	
−	3	8	5
	2	3	9

E: 4 minus 5 geht nicht, eins wechseln;
14 minus 5 gleich 9, 9 an.

Z: 2 minus 1 minus 8 geht nicht, eins wechseln;
12 minus 1 minus 8 gleich 3, 3 an.

H: 6 minus 1 minus 3 gleich 2, 2 an.

a)

	H	Z	E
	4	3	6
−	2	5	7

b)

	H	Z	E
	7	4	6
−	4	5	8

c)

	H	Z	E
	8	3	5
−	6	7	6

Seite 13 Aufgabe 1

a)

	H	Z	E
	4	3	6
		ı	ı
−	2	5	7
	1	7	9

b) ...

d)

	H	Z	E
	5	8	3
−	1	9	6

e)

	H	Z	E
	9	7	7
−	3	9	8

f)

	H	Z	E
	6	5	3
−	3	7	9

2 Beachte die Besonderheit bei 0 Zehnern. Rechne und sprich dazu.

Beim Abziehen von einer Zahl mit 0 Zehnern kann es sein,
dass du zweimal wechseln musst.

	H	Z	E
	7	0	3
	ı	ı	
−	2	8	5
	4	1	8

E: 3 minus 5 geht nicht, eins wechseln;
13 minus 5 gleich 8, 8 an.

Z: 0 minus 1 minus 8 geht nicht, eins wechseln;
10 minus 1 minus 8 gleich 1, 1 an.

H: 7 minus 1 minus 2 gleich 4, 4 an.

a)

	H	Z	E
	5	0	4
−	3	0	9

b)

	H	Z	E
	7	0	0
−	3	7	8

c)

	H	Z	E
	8	0	0
−	6	4	7

Seite 13 Aufgabe 2

a)

	H	Z	E
	5	0	4
		ı	ı
−	3	0	9
			...

b) ...

* nutzen planvoll und systematisch die Struktur des Zehnersystems
* wenden das Verfahren der schriftlichen Subtraktion an
* verwenden Fachbegriffe richtig

→ AH Seite 47

Verkürzte Sprechweise lernen und üben

	H	Z	E
	8	5	3
	I	I	
−	2	7	6
	5	7	7

1 Übertrage die Aufgaben ins Heft. Schreibe und sprich in Kurzform.

a) 311 – 115
643 – 352
977 – 548

b) 562 – 281
485 – 294
366 – 284

c) 827 – 558
654 – 275
573 – 394

d) 748 – 369
965 – 488
437 – 249

e) 350 – 139
706 – 173
600 – 467

f) 802 – 626
200 – 145
510 – 132

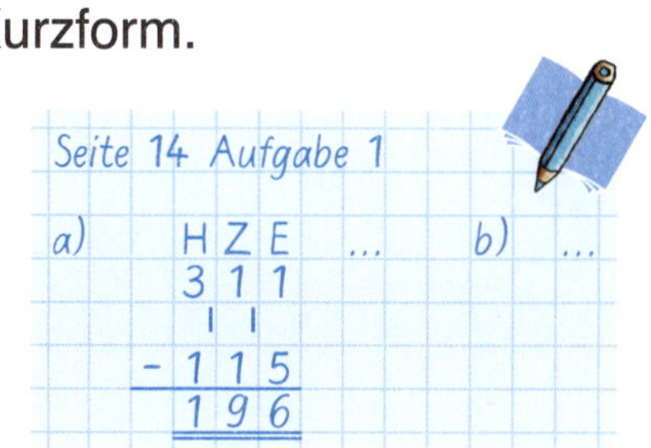

2 Löse die Aufgaben.
Bitte ein anderes Kind, deine Schreib- und Sprechweise zu überprüfen.

a) 643 – 326
759 – 568
426 – 137

b) 368 – 139
857 – 493
532 – 274

c) 215 – 121
974 – 645
881 – 762

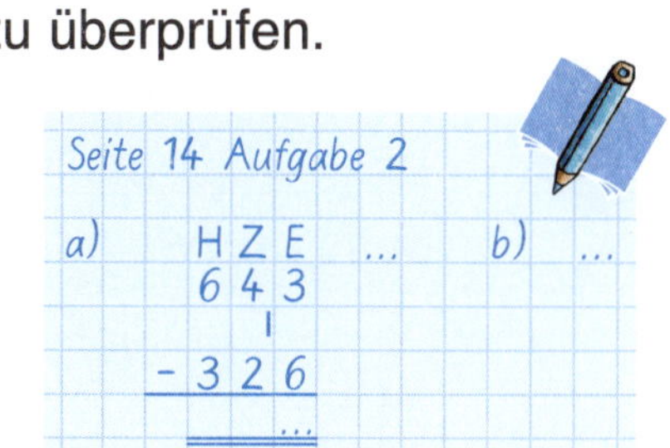

3 Suche dir ein Partnerkind.
Löst die Aufgaben zusammen.
Ein Kind schreibt, ein Kind spricht dazu.
Tauscht die Rollen.

a) 369 – 172
826 – 653
713 – 311

b) 548 – 267
659 – 485
972 – 548

c) 435 – 246
784 – 497
307 – 129

d) Denkt euch jeweils zu a), b), und c) eine Aufgabe aus.

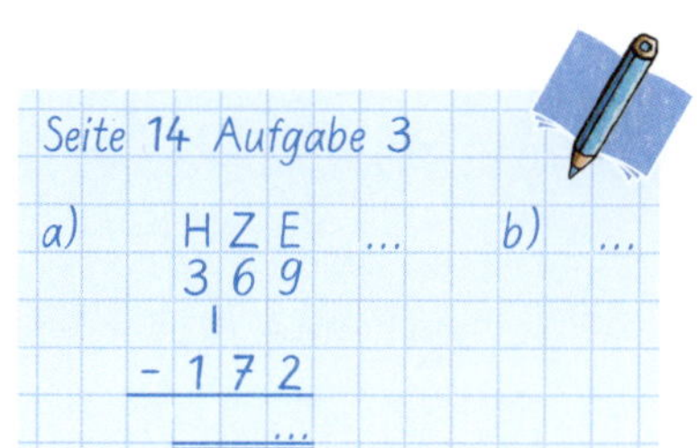

* nutzen planvoll und systematisch die Struktur des Zehnersystems
* wenden das Verfahren der schriftlichen Subtraktion an
* verwenden Fachbegriffe richtig

Subtrahieren mit einem Stellenwertübergang üben

1 Schreibe die Zahlen untereinander. Rechne und sprich dazu.

a) 638 – 276 b) 547 – 219 c) 548 – 329
d) 519 – 378 e) 689 – 493 f) 681 – 477
g) Denke dir zwei Aufgaben aus.

Seite 15 Aufgabe 1
a) 6 3 8 b) …
- 2 7 6
…

2 Übertrage die Aufgaben in dein Heft und ergänze die fehlenden Ziffern.

a) 8 6 □ − 2 □ 2 = □ 3 1
b) 4 □ 8 − □ 2 6 = 1 3 □
c) □ 7 □ − 6 □ 2 = 3 3 3
d) 4 □ 5 − □ 1 7 = 2 1 □
e) 4 3 □ − 2 □ 3 = □ 8 3
f) 6 □ 2 − □ 6 □ = 2 2 7

Seite 15 Aufgabe 2
a) 8 6 [3] b) …
- 2 [3] 2
[6] 3 1

3 Berechne immer den Unterschied (die Differenz) der beiden Zahlen.

a) 785 492 b) 913 452 c) 149 367
d) 738 262 e) 249 498 f) 549 273

Seite 15 Aufgabe 3
a) 7 8 5 b) …
- 4 9 2
…

4 Löse die Zahlenrätsel mit Hilfe der schriftlichen Addition und Subtraktion.

a) Subtrahiere von 345 die Zahl 216, dann erhältst du meine Zahl.

b) Berechne zuerst die Summe von 315 und 268, subtrahiere dann 158.

c) Berechne die Differenz von 719 und 543, addiere dann 286.

Seite 15 Aufgabe 4
a) 3 4 5 b) …
- 2 1 6
…

* wenden das Verfahren der schriftlichen Subtraktion an
* wenden ihre mathematischen Kenntnisse, Fähigkeiten und Fertigkeiten bei der Bearbeitung herausfordernder und unbekannter Aufgaben an

Übertrag an unterschiedlichen Stellen üben

1 Suche zuerst die passenden Aufgaben.
Übertrage sie dann in dein Heft und löse sie.

a) 4 Aufgaben ohne Übertrag

b) 4 Aufgaben mit einem Übertrag

c) 4 Aufgaben mit zwei Überträgen

Seite 16 Aufgabe 1
a) 789 − 357 = ... b) ...

789 − 357	694 − 356	931 − 564	637 − 514	728 − 453	506 − 274
800 − 376	968 − 654	761 − 423	537 − 379	894 − 382	825 − 678

2 Bilde selbst Minusaufgaben. Wähle die Zahlen so, dass die folgenden Aufgaben entstehen.

a) Aufgaben mit einem Übertrag

b) Aufgaben mit zwei Überträgen

c) Besprich deine Ergebnisse mit einem anderen Kind.

507 284 352 903 710

Seite 16 Aufgabe 2
a) ... b) ...

3 Bilde aus den Ziffernkärtchen jeweils die größte und die kleinste Zahl und schreibe Minusaufgaben auf.

a) 3 7 4 b) 6 5 2 c) 9 6 8

Seite 16 Aufgabe 3
a) 743 − 347 = ... b) ...

4 Ergänze die fehlenden Ziffern.

a) 6□5 − 237 = □4□

b) □64 − 1□□ = 581

c) 63□ − □□2 = 275

Seite 16 Aufgabe 4
a) 6□5 − 237 = □4□ b) ...

5 Setze die passenden Ziffern ein.

a) □□□ − 435 = 221

b) □□□ − 109 = 376

c) 751 − □□□ = 643

Seite 16 Aufgabe 5
a) ... b) ...

* wenden das Verfahren der schriftlichen Subtraktion an
* wenden ihre mathematischen Kenntnisse, Fähigkeiten und Fertigkeiten bei der Bearbeitung herausfordernder und unbekannter Aufgaben an

→ AH Seite 48

Knobeleien mit Ziffernkärtchen lösen

1 Bilde aus den Ziffern 3 8 9 alle möglichen dreistelligen Zahlen.

a) Notiere deine Zahlen.

b) Schreibe die größtmögliche und die kleinstmögliche Zahl untereinander und berechne den Unterschied (die Differenz).

c) Berechne von weiteren drei Zahlenpaaren die Differenz.

Seite 17 Aufgabe 1
a) … b) …

2 Finde für jede Ziffer die richtige Stelle und schreibe die Rechnung auf. Kontrolliere deine Lösung mit der Umkehraufgabe.

a) 5 4 6	b) 2 9 6	c) 6 0 5	d) 2 5 5 0
8 9 6	7 0 8	□ □ □	□ 4 □
− □ □ □	− □ □ □	− 3 0 6	− 3 □ □
4 3 1	4 3 9	2 5 4	2 2 5

Seite 17 Aufgabe 2
a) 896 − 465 = 431; 431 + 465 = 896 ✓
b) …

3 Ergänze die fehlenden Ziffern. Schreibe auf.

a)	b)	c)	d)
□ 2 6	6 8 7	4 6 □	7 □ 3
− 3 1 2	− 5 □ 2	− □ □ 3	− □ 2 5
4 1 4	□ 6 □	2 8 6	5 4 □

Seite 17 Aufgabe 3
a) 7 2 6 − 3 1 2 = 4 1 4 b) …

4 Finde selbst Aufgaben, die zu den angegebenen Ergebnissen passen. Schreibe sie auf.

a)	b)	c)	d)
□ □ □	□ □ □	□ □ □	□ □ □
− □ □ □	− □ □ □	− □ □ □	− □ □ □
2 3 1	2 1 2	4 4 4	3 8 6

Seite 17 Aufgabe 4
a) … b) …

5 Trage in jedes Kästchen der Ergebniszahl eine beliebige Ziffer von 0 bis 9 ein.

□ □ □
− □ □ □
□ □ □

Ergänze die Rechenaufgabe mit passenden Zahlen. Suche mehrere Lösungen.

Seite 17 Aufgabe 5
…

* wenden ihre mathematischen Kenntnisse, Fähigkeiten und Fertigkeiten bei der Bearbeitung herausfordernder und unbekannter Aufgaben an
* probieren systematisch und überprüfen ihre Ergebnisse

Die eigene Rechnung überprüfen

1 Wie überprüfst du das Ergebnis?
Beschreibe und erkläre einem anderen Kind, wie du überprüfst.

2 Rechne die Aufgaben im Heft und überprüfe dein Ergebnis mit der Umkehraufgabe.

a) $672 - 458$ b) $569 - 384$ c) $825 - 679$

d) $405 - 278$ e) $900 - 458$ f) $361 - 195$

Seite 18 Aufgabe 2
a) $672 - 458 = 214$ $214 + 458 = 672$ ✓ b) ...

3 Rechne im Heft. Schreibe die Überschlagsrechnung (Ü) dazu und überprüfe zusätzlich die Endziffer (EZ).

a) $591 - 268$ b) $436 - 257$ c) $806 - 419$

d) $653 - 284$ e) $954 - 426$ f) $729 - 328$

Seite 18 Aufgabe 3
a) $591 - 268 = 323$ b) ...
Ü: $590 - 270 = 320$
EZ: $11 - 8 = 3$

4 Richtig oder falsch? Überprüfe die Rechnungen. Schreibe auf, wie du überprüfst.

a) $852 - 658 = 104$ b) $793 - 513 = 413$ c) $696 - 247 = 449$

Seite 18 Aufgabe 4
a) falsch b) ...
Ich überprüfe ...

5 Überlege, was beim schriftlichen Subtrahieren wichtig ist. Schreibe auf, was dir dabei leichtfällt. Notiere, was du immer besonders beachten musst.

* begründen, ob Ergebnisse richtig sind, indem sie sie u.a. durch Überschlag überprüfen
* vergleichen unterschiedliche Formen der Ergebniskontrolle und bewerten diese

→ AH Seite 49

Fehler und ihre Ursachen finden

1 Überprüfe die Ergebnisse mit Hilfe der Umkehraufgabe.
Wenn das Ergebnis falsch ist, bestimme die richtige Lösung.

a) 948 − 379 = 459	b) 612 − 74 = 138	c) 536 − 273 = 363
d) 986 − 798 = 188	e) 624 − 207 = 417	f) 731 − 575 = 266

Seite 19 Aufgabe 1

a) 459 + 379 (Übertrag 1 1) = 838 — *459 ist falsch.*

richtig: 948 − 379 = 569

b) …

2 Überprüfe die Ergebnisse mit Hilfe der Umkehraufgabe.

a) 286 + 395 = 571	b) 429 + 301 = 730	c) 576 + 28 = 604
d) 237 + 354 = 581	e) 805 + 138 = 843	f) 257 + 486 = 743

Seite 19 Aufgabe 2

a) 571 − 395 = 176 — *571 ist falsch.*

richtig: 286 + 395 (Übertrag 1 1) = 681

b) …

3 Hier sind vier Ergebnisse falsch. Rechne die Aufgaben noch einmal im Heft.
Gib bei jeder falschen Aufgabe an, welcher Fehler gemacht wurde.

> A: Tauschen oder Übertrag vergessen B: Addition statt Subtraktion
> C: Fehler beim Subtrahieren D: Aufgaben falsch untereinandergeschrieben

a) 583 − 257 = 336	b) 953 − 667 = 286	c) 643 − 274 = 917
d) 853 − 68 = 173	e) 924 − 762 = 161	f) 906 − 458 = 448

Seite 19 Aufgabe 3

a) 583 − 257 = … *b) …*

Fehler: A

4 Ergänze mit einem Partnerkind bei jeder falschen Aufgabe bei **3** den passenden Tipp:

> 1 Subtrahieren 2 stellengerecht untereinanderschreiben 3 Übertrag beachten

⋆ begründen, ob Ergebnisse richtig sind, indem sie Rechenfehler finden, erklären und korrigieren sowie Ergebnisse überprüfen
⋆ überprüfen Ergebnisse, finden und korrigieren Fehler
⋆ kategorisieren unterschiedliche Fehlerquellen und leiten Vermeidungsstrategien ab

Besondere Minusaufgaben bilden und lösen

1 Suche dir ein anderes Kind. Würfelt mit zwei und mit drei Würfeln.
Bildet aus den gewürfelten Zahlen Minusaufgaben, schreibt sie auf und löst sie.

2 Bilde aus diesen Ziffernkärtchen

6 3 5 alle möglichen dreistelligen Zahlen.

a) Notiere deine Zahlen.

b) Bilde mit diesen Zahlen Minusaufgaben mit dem kleinsten und dem größten Unterschied (der Differenz).
Besprich deine Lösungen mit einem anderen Kind.

Seite 20 Aufgabe 1
a) … b) …

3 Übertrage die Aufgaben in dein Heft, ergänze die fehlenden Ziffern und setze die Reihe fort.
Besprich dein Vorgehen mit einem anderen Kind.

Seite 20 Aufgabe 2
…

A				
	8 7 6	7 6 ▢	6 ▢ ▢	▢ ▢ ▢
	− 7 7 7	− 6 6 6	− 5 5 5	− ▢ ▢ ▢

4 Wähle aus den Ziffernkärtchen …

1 2 3 4 5 6 7 8 9

a) … drei Kärtchen aus und bilde daraus die größte und die kleinste dreistellige Zahl.

Seite 20 Aufgabe 3
a) … b) …

b) Berechne den Unterschied (die Differenz) der beiden Zahlen.

c) Bilde aus der Differenz wieder die größte und die kleinste Zahl.
Setze immer so fort und subtrahiere. Was entdeckst du?

d) Wiederhole die Schritte a) bis c) für ein weiteres Zahlenpaar.
Besprich deine Ergebnisse mit anderen Kindern. Was fällt dir auf?

* lösen Aufgaben zur Subtraktion im Zahlenraum bis 1000
* beschreiben arithmetische Muster und deren Gesetzmäßigkeit
* entwickeln arithmetische Muster, setzen diese fort und verändern sie systematisch

1 Erkläre einem anderen Kind, warum die Zahlen IRI-Zahlen heißen.

2 Schreibe alle IRI-Zahlen auf. Überlege dir wie du vorgehen musst, damit du keine Zahl vergisst.

Seite 21 Aufgabe 2
1 2 1, ...

3 Subtrahiere mit IRI-Zahlen.

a) Notiere fünf Minusaufgaben mit IRI-Zahlen und löse sie.

b) Bespriche mit anderen Kindern, was dir auffällt.

Seite 21 Aufgabe 3
a) ...

4 Löse die Aufgaben.

a) Löse die Aufgabenreihen und setze sie fort.

A	212 − 121	323 − 232	434 − 343	...
B	313 − 131	424 − □□□	□□□ − □□□	...
C	□□□ − 141 273	□□□ − □□□ 273	□□□ − □□□ 273	...
	⋮	⋮	⋮	

Seite 21 Aufgabe 4
a) A 212 ...
− 121
...
⋮

b) Welches Muster entdeckst du? Erkläre es einem anderen Kind.

⋆ beschreiben arithmetische Muster und deren Gesetzmäßigkeit
⋆ entwickeln arithmetische Muster, setzen diese fort und verändern sie systematisch

1 Überlege, welche Aufgaben du im Kopf und welche du schriftlich rechnest.
Besprich deine Überlegungen mit einem anderen Kind.

695 – 339 = ▢ 420 – 370 = ▢ 699 – 352 = ▢

578 – 200 = ▢ 349 – 249 = ▢

2 Erkläre einem anderen Kind, warum Meral die Aufgabe einfach lösen kann.

3 Betrachte die unterschiedlichen Rechenwege und wähle einen Rechenweg aus. Schreibe diesen auf.

a) 703 – 398 = ▢
703 - 400 + 2
703 - 398 (schriftlich)
700 - 400 + 3 + 2
oder …

Seite 22 Aufgabe 3
a) … b) …

b) 857 – 491 = ▢
857 - 500 + 9
857 - 491 …
857 - 400 …
⋮
857 - 491 (schriftlich)
oder …

c) 954 – 263 = ▢
954 - 263 (schriftlich)
963 - 263 - 9
954 - 263 …
954 - 200 …
⋮
oder …

d) 399 – 225 = ▢
400 - 225 - 1
399 - 225 (schriftlich)
400 - 226
oder …

e) Schreibe eine kurze Begründung zu der Wahl deiner Rechenwege bei den Aufgaben a) bis d) auf.

4 Löse die Aufgaben auf deine Art, schriftlich oder im Kopf. Schreibe deinen Rechenweg auf.

a) 411 – 105 = ▢ b) 976 – 560 = ▢
c) 638 – 399 = ▢ d) 753 – 503 = ▢
e) 865 – 478 = ▢ f) 838 – 318 = ▢

Seite 22 Aufgabe 4
a) … b) …

* entscheiden, welche Art der Berechnung zur Lösung sinnvoll ist
* erkennen mathematische Zusammenhänge und begründen diese
* vergleichen und bewerten Rechenwege

Zum Lösen von Sachaufgaben schriftlich subtrahieren

1 Schüler in Rotfelden und Blautal

Schule Rotfelden

Schuljahr	1	2	3	4
Jungen	77	91		116
Mädchen	82		104	
insgesamt		143	191	205

Schule Blautal

Schuljahr	1	2	3	4
Jungen		70		68
Mädchen	61		82	
insgesamt	117	129	152	140

a) Übertrage die Tabellen in dein Heft.
Berechne die fehlenden Zahlen.

b) Schreibe Rechnungen und Antworten in dein Heft:
Wie viele Schüler gehen insgesamt in Rotfelden und in Blautal zur Schule?
Wie groß ist der Unterschied der Schülerzahlen der beiden Schulen?

Seite 23 Aufgabe 1

a)

Schuljahr	1	2	3	…
Jungen	77	91	87	…

b) …

2 Tim steigt auf einen hohen Turm, der 387 Stufen hat. Nach 178 Stufen will er wissen, wie viele Stufen er noch vor sich hat.

Seite 23 Aufgabe 2
…

3 Herr Bauer hat für seine Einfahrt insgesamt 480 Betonsteine bestellt. Für ein Muster benötigt er 198 schwarze Steine. Die restlichen Steine sind grau. Wie viele graue Steine bekommt er geliefert?

Seite 23 Aufgabe 3
…

4 Der Bibliothekar der Gemeindebücherei zählt:

	Bestand	davon vorhanden
Sachbücher	335	197
Kinderbücher	254	176
Romane	831	656

Seite 23 Aufgabe 4
a) … b) …

a) Berechne, wie viele Bücher jeweils ausgeliehen sind.

b) Suche dann weitere Fragen und beantworte sie.

* entnehmen Sachsituationen in unterschiedlichen Darstellungen Informationen und übersetzen diese in die Sprache der Mathematik
* wenden das schriftliche Verfahren der Subtraktion an

→ AH Seite 50

Bundesjugendspiele – Leichtathletik – Mädchen
Punktetabelle

Schlag-ball-weit-wurf	Meter	7,0	7,5	8,0	8,5	9,0	9,5	10,0	10,5	11,0	11,5	12,0	12,5	13,0	13,5	14,0	14,5	15,0	15,5	16,0	16,5	17,0	17,5	18,0	18,5	19,0
	Punkte	71	81	92	102	111	121	130	139	147	156	164	173	181	188	196	204	211	218	226	233	240	247	253	260	267
	Meter	19,5	20,0	20,5	21,0	21,5	22,0	22,5	23,0	23,5	24,0	24,5	25,0	25,5	26,0	26,5	27,0	27,5	28,0	28,5	29,0	29,5	30,0	30,5	31,0	31,5
	Punkte	273	280	286	292	299	305	311	317	323	329	334	340	346	351	357	363	368	373	379	384	389	395	400	405	410

50-m-Lauf	Sekunden	13,4	13,3	13,2	13,1	13,0	12,9	12,8	12,7	12,6	12,5	12,4	12,3	12,2	12,1	12,0	11,9	11,8	11,7	11,6	11,5	11,4	11,3	11,2	11,1	11,0
	Punkte	2	6	10	15	19	23	28	32	37	41	46	51	56	61	66	71	76	81	87	92	98	103	109	115	121
	Sekunden	10,9	10,8	10,7	10,6	10,5	10,4	10,3	10,2	10,1	10,0	9,9	9,8	9,7	9,6	9,5	9,4	9,3	9,2	9,1	9,0	8,9	8,8	8,7	8,6	8,5
	Punkte	127	133	139	146	152	159	166	172	179	187	194	201	209	217	225	233	241	249	258	267	276	285	294	304	314

Weit-sprung	Meter	2,21	2,25	2,29	2,33	2,37	2,41	2,45	2,49	2,53	2,57	2,61	2,65	2,69	2,73	2,77	2,81	2,85	2,89	2,93	2,97	3,01	3,05	3,09	3,13	3,17
	Punkte	188	195	201	208	214	220	226	232	238	245	250	256	262	268	274	280	285	291	297	302	308	313	319	324	330
	Meter	3,21	3,25	3,29	3,33	3,37	3,41	3,45	3,49	3,53	3,57	3,61	3,65	3,69	3,73	3,77	3,81	3,85	3,89	3,93	3,97	4,01	4,05	4,09	4,13	4,17
	Punkte	335	340	346	351	356	362	367	372	377	382	387	392	397	402	407	412	417	422	427	432	437	441	446	451	456

Alter	Siegerurkunde (SU)	Ehrenurkunde (EU)
8 Jahre	ab 450 Punkte	ab 575 Punkte
9 Jahre	ab 525 Punkte	ab 675 Punkte
10 Jahre	ab 600 Punkte	ab 775 Punkte

1 Beantworte die Fragen. Schreibe Rechnungen und Antworten auf.

a) Berechne, wie viele Punkte den Mädchen zu einer Siegerurkunde und zu einer Ehrenurkunde fehlen.

Maja, 9 Jahre: 478 Punkte
Lea, 10 Jahre: 513 Punkte

Seite 24 Aufgabe 1
a) Maja b) ...
R: SU: 525 − 478 = 47 EU: ...
A: ...

b) Lisa, 9 Jahre, hat folgende Ergebnisse erzielt:
Weitsprung: 3,17 m, 50-m-Lauf: 11,2 s
Berechne, wie viele Punkte sie erreicht hat.

c) Wie viele Punkte fehlen ihr für eine Siegerurkunde und wie viele Punkte fehlen ihr für eine Ehrenurkunde?

d) Wie weit muss sie dann noch mindestens werfen, um eine Siegerurkunde zu schaffen und wie weit für eine Ehrenurkunde?

2 Schreibe selbst Rechengeschichten. Bitte ein anderes Kind, passende Rechnungen und Antworten zu finden.

Seite 24 Aufgabe 2
...

⋆ entnehmen Tabellen relevante Daten und ziehen sie zur Beantwortung von Fragen heran
⋆ formulieren zu schülerrelevanten Situationen Rechengeschichten und mathematische Fragestellungen

Geldbeträge bestimmen, vergleichen und zusammenstellen

1 Lege die einzelnen Beträge einmal mit drei, einmal mit vier und einmal mit fünf Scheinen. Schreibe als Additionsaufgaben, wie du gelegt hast.

a) 500 € b) 200 € c) 800 €

d) 750 € e) 900 € f) 255 €

Seite 25 Aufgabe 1

a) 500 € = 200 € + … b) …

500 € = …

500 € = …

2 Lege gemeinsam mit einem anderen Kind unterschiedliche Geldbeträge. Findet jeweils den größten und den kleinsten Betrag, den ihr legen könnt, mit …

a) … zwei Geldscheinen.

b) … drei Geldscheinen.

c) … vier Geldscheinen.

d) … zwei gleichen Geldscheinen.

e) … drei gleichen Geldscheinen.

f) … drei verschiedenen Geldscheinen.

Seite 25 Aufgabe 2

a) … b) …

3 Betrachte Kataloge und Prospekte. Schreibe auf, was du kaufen könntest …

a) … mit 1 000 € b) … mit 500 €

c) … mit 200 € d) … mit 750 €

Seite 25 Aufgabe 3

a) mit 1 000 €: … b) …

4 Du kannst auch mit anderen Kindern zusammen Plakate gestalten für 20 €, 50 €, 100 €, 500 €, … Ihr könnt Bilder von Gegenständen aufkleben oder dazu malen.

* wenden ihre mathematischen Kenntnisse, Fähigkeiten und Fertigkeiten bei der Bearbeitung herausfordernder und unbekannter Aufgaben an
* probieren zunehmend systematisch und zielorientiert

→ AH Seite 51

1 Zähle, wie viel Geld jeweils dargestellt ist.
Schreibe als Plusaufgabe und mit Komma.

a) 

b) 

c) 

d) 

e) 

f) 

Seite 26 Aufgabe 1
a) 160 € + 90 ct = 160,90 €
b) ...

2 Schreibe die Beträge auf drei Arten in dein Heft:
in Cent, in Euro und Cent, in Komma-Schreibweise.

a) 95 ct b) 5 € 79 ct c) 7 € 15 ct
d) 9,45 € e) 65 ct f) 7,05 €

Seite 26 Aufgabe 2
a) 95 ct = 0 € 95 ct = 0,95 €
b) ...

3 Schreibe die Beträge in Komma-Schreibweise der Größe nach geordnet in dein Heft. Beginne jeweils mit dem kleinsten Betrag.

a) 461,15 € 15,42 € 107 € 60 ct 867 ct 7,40 €

b) 205 ct 3 € 80 ct 405 € 3,08 € 35,75 €

Seite 26 Aufgabe 3
a) 7,40 € < ... b) ...

4 Zeichne eine Tabelle in dein Heft und trage die Geldbeträge ein.

a) 19,05 € b) 783 ct c) 17,85 € d) 100,05 €
e) 0,78 € f) 305 ct g) 900 ct h) 0,01 €

Seite 26 Aufgabe 4

	€	ct
a)	19	5
b)	7	83
c)	...	...

* übertragen eine Darstellungsform in eine andere
* verwenden Abkürzungen zu Maßeinheiten und notieren Geldbeträge mit Komma
* vergleichen und ordnen unterschiedliche Angaben von Geldbeträgen nach ihrem Wert

→ AH Seite 52

Mit Geldbeträgen rechnen

1 Die Kinder rechnen auch mit Geldbeträgen auf unterschiedliche Weise:

3,87 € + 4,58 € = ▭ €

7,35 € – 3,57 € = ▭ €

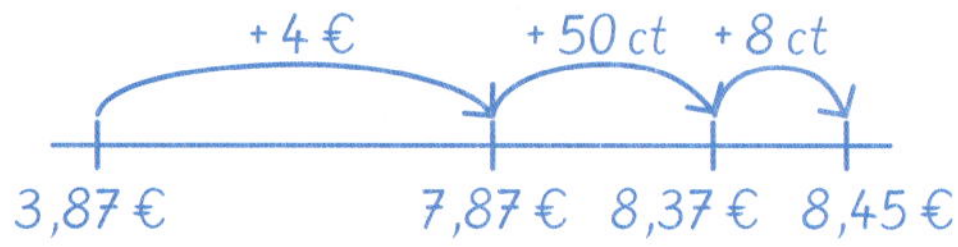

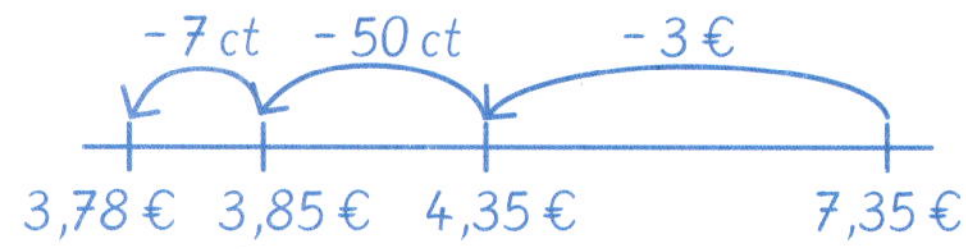

3 € 87 ct + 4 € 58 ct = ▭

3 € 87 ct + 4 € = 7 € 87 ct
7 € 87 ct + 50 ct = 8 € 37 ct
8 € 37 ct + 8 ct = 8 € 45 ct

7 € 35 ct – 3 € 57 ct = ▭

7 € 35 ct – 3 € = 4 € 35 ct
4 € 35 ct – 50 ct = 3 € 85 ct
3 € 85 ct – 7 ct = 3 € 78 ct

3 € 87 ct + 4 € + 50 ct + 8 ct = 8 € 45 ct

7 € 35 ct – 3 € – 50 ct – 7 ct = 3,78 €

Wie rechnest du?

2 Löse die Aufgaben auf deine Art.
Besprich deine Vorgehensweise mit einem anderen Kind.

a) 4,25 € + 2,88 €
b) 3,68 € + 4,75 €
c) 87,35 € + 55,84 €
d) 7,32 € – 5,58 €
e) 6,51 € – 0,89 €
f) 18,44 € – 15,67 €
g) 4,25 € + 3 €
h) 1,25 € – 75 ct

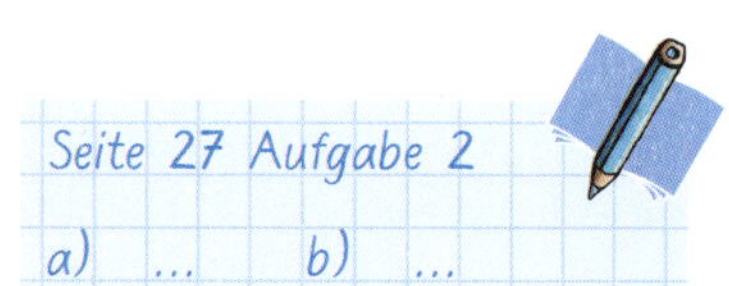

Kosten für den Wintersport ermitteln und vergleichen

1 Suche dir mindestens zwei Wintersportgeräte aus, die dir gefallen würden.

a) Überschlage den Gesamtpreis.

b) Berechne den genauen Preis.

c) Berechne die Differenz zwischen dem überschlagenen und dem genauen Preis.

Seite 28 Aufgabe 1

a) Ü: ... b) R: ... c) ...

2 Notiere in einer Tabelle die Sportgeräte, die man für folgende Sportarten benötigt:

Skifahren, Snowboarden, Schlittenfahren/Bobfahren

a) Schreibe für jedes Sportgerät die günstige und die teuere Lösung auf.

b) Wie viel muss man mindestens und wie viel muss man höchstens für jede Sportart ausgeben?

c) Wie viel spart man, wenn man jeweils die günstigere Ausrüstung wählt?

Seite 28 Aufgabe 2

a)

	günstig	teuer
Skifahren:		
Ski		
Schuhe		
...		

b) ...

3 Wintersport ist oft teuer. Besprich gemeinsam mit anderen Kindern, welche Möglichkeiten es gibt, die Ausgaben für die Ausrüstung möglichst gering zu halten.

* entnehmen Darstellungen der Lebenswirklichkeit relevante Informationen und übersetzen diese in die Sprache der Mathematik
* erfinden Aufgaben und Fragestellungen
* finden mathematische Lösungen zu Sachsituationen

Rechengeschichten zusammensetzen und lösen

1 Setze die Teile in der passenden Reihenfolge zu einer Rechengeschichte zusammen und schreibe sie in dein Heft. Ergänze die Rechnung und den Antwortsatz.

Seite 29 Aufgabe 1
a) Tim kauft ...
⋮
b) ...

a)
- Tim erhält 1,80 € zurück.
- Was kostet der Füller?
- Er bezahlt mit einem 20-€-Schein.
- Tim kauft einen Füller.

b)
- Sie bezahlt mit einem 10-€-Schein.
- Sie kosten 5,25 €.
- Wie viel bekommt sie zurück?
- Sofie kauft Süßigkeiten.

c)
- Ole kauft Bildkarten.
- Er erhält 5,15 € zurück.
- Wie hat er bezahlt?
- Sie kosten 14,85 €.
- Er bezahlt mit zwei Scheinen.

d)
- Sie muss noch 40 € sparen.
- Es kostet 215 €.
- Wie viel Geld hat sie schon?
- Lisa möchte ein Fahrrad kaufen.

2 Schreibe zu jeder Zeile der Tabelle eine Rechengeschichte. Verwende dabei folgende Fragen:

Seite 29 Aufgabe 2
...

Wie viel Geld bekommt sie zurück?
Mit welchem Geldschein bezahlt sie? Wie hoch ist der Kaufpreis?

Berechne dann die Aufgabe und schreibe einen Antwortsatz.

	Kaufpreis	bezahlt	bekommt zurück
Frau Winter	89,70 €	100 €	
Frau May		200 €	24,20 €
Frau Bauer	36,50 €		13,50 €

3 Julia bekommt eine Jacke und Tim eine Hose. Julias Jacke kostet 30 € mehr als die Hose für Tim. Die Mutter gibt insgesamt 120 € aus.

a) Wie viel kostet Julias Jacke?

b) Wie teuer ist Tims Hose?

c) Besprich dein Vorgehen und deine Ergebnisse mit einem anderen Kind.

Seite 29 Aufgabe 3
a) Julias Jacke: ... €
b) Tims Hose: ... €

★ entnehmen relevante Informationen aus Texten und formulieren dazu mathematische Fragestellungen
★ lösen Sachsituationen mit Größen

NATURA

NATURA GMBH
BAHNHOF-STRASSE 38
88131 LINDAU

REG 24.04.2015(FR) 16:25
CHEF MC#01 172529
BED.000001

PUTZM. GETRÄNKE €11.50
LEBENSMITTEL 7% €2.95
LEBENSMITTEL 7% €3.29
3 ST
UMSATZ 19% €9.66
MWST 19% €1.84
UMSATZ 7% €5.83
MWST 7% €0.41
TOTAL €17.74
BAR €50.00
RÜCKGELD €32.26

VIELEN DANK FÜR IHREN EINKAUF.
STEUER NR. 87001/09125

SUPERMARKT
HEILIGENSTRASSE 3
88131 LINDAU

EUR
Geschenkband Herbst 1.99 B
Geschenkband Herbst 1.99 B
Zahnbürste elektrisch 8.99 B
Manikuer-Etui 11.99 B
Trockenfrüchte 1.29 A
D/H-Sportsocken 2.29 B
Interdentalset 1.89 B
Interdentalset 1.89 B
Tiroler-Knabber-Kiste 1.99 A
Interdentalset 1.89 B
Handwaschpaste 0.89 B
Zahnseide 1.99 B
Blutdruckcomputer 12.99 B
Summe 52.07
13 Artikel EUR 52.07
Bar

Nettobetrag MwSt A 3.07
MW-Steuer 07.0% 0.21
Nettobetrag MwSt B 41.00
MW-Steuer 19.0% 7.79
#5922 0032/004/106 25.04.15 10:01 VA-00

Unsere Öffnungszeiten
Mo-Fr: 8:00-20:00 Sa: 8:00-18:00

USt.-ID-Nr. DE 120353493
VIELEN DANK
FÜR IHREN EINKAUF

1 Kassenzettel auswerten

a) Schreibe auf, was du den einzelnen Kassenzetteln entnehmen kannst. Folgende Stichworte helfen dir:

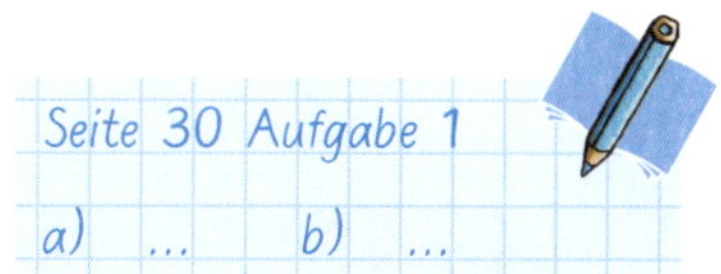

Einkaufsort, Datum, Uhrzeit, Kassennummer, gekaufte Artikel, Zahlungsart, Kaufsumme, Rückgeld, Mehrwertsteuer, …

b) Schreibe mindestens vier der Beträge, die du auf den Kassenzetteln findest, auf unterschiedliche Art in dein Heft (in Euro, Euro und Cent, …).

2 Bringe einen eigenen Kassenzettel mit.
Erkläre einem anderen Kind, welche Informationen er enthält.
Stelle deinem Partner auch Fragen zu deinem Kassenzettel.

3

Bäckerei Müller

Breze	0,65 €	Roggenbrot	2,95 €
5 Brezen	3,00 €	Vollkornbrot	3,15 €
Semmel	0,31 €	Mischbrot	1,98 €
Dreikornkrusti	0,62 €	Dinkelbrot	3,25 €
Roggenkipferl	0,38 €	Baguette	1,65 €
Laugenstange	0,85 €	Hefezopf	4,85 €

Überlege dir, was du beim Bäcker für deine Familie kaufen könntest.
Erstelle selbst einen Kassenzettel mit möglichst genauen Angaben.

⭑ entnehmen relevante Informationen aus verschiedenen Quellen und formulieren dazu mathematische Fragestellungen

Einnahmen und Ausgaben der Klassenkasse eintragen

11.11.
Laternenumzug
Verkauf Kinderpunsch
Einnahmen: 23,50 €

5.10.
Bewirtung
Elternabend
Ausgaben: 19,95 €

19.12.
Verkauf
von Plätzchen
Einnahmen: 32,80 €

27.11.
Einkauf für
Bastelarbeiten
Ausgaben: 12,40 €

2.11.
Einkauf Draht
für Bastelarbeiten
Ausgaben: 5,25 €

8.12.
Plätzchen backen
Einkauf der Zutaten
Ausgaben: 17,84 €

20.12.
Einkauf für
gemeinsames Frühstück
Ausgaben: 31,75 €

11.11.
Spenden
beim Laternenfest
Einnahmen: 62 €

1 Für die Klassenkasse wird eine Liste mit dem jeweils aktuellen Guthaben geführt. Der letzte Eintrag war am 30.9. Damals betrug das Guthaben 117,80 €.

a) Erstelle die Eintragungen bis zum 20.12. geordnet nach Datum. Lege dazu eine Tabelle an. Schreibe deine Rechnungen dazu.

Seite 31 Aufgabe 1

a)

Datum	Einnahme	Ausgabe	Guthaben
30.9.			117,80 €
5.10.		19,95 €	97,85 €
⋮			

$$\begin{array}{r} 117{,}80\,€ \\ -\ 19{,}95\,€ \\ \hline 97{,}85\,€ \end{array}$$ ...

b) ...

b) Die Klasse plant einen Ausflug. Aus der Klassenkasse sollen dafür 200 € ausgegeben werden. Wie viel Geld muss dazu noch mindestens in die Klassenkasse eingezahlt werden?

c) Überlege, wie die Klasse das fehlende Geld für den Ausflug einnehmen könnte. Besprich deine Ideen mit anderen Kindern. Trage deine Überlegungen in die Liste aus Aufgabe a) ein.

d) Überlege, wie du mit nur drei Rechnungen das Guthaben am Ende der Eintragungen berechnen kannst. Schreibe diese auf. Vergleiche dein Ergebnis mit dem Ergebnis bei Aufgabe c).

1 Tim und Mai-Lin kaufen gemeinsam Hundefutter. Überlege gemeinsam mit anderen Kindern, wie ihr die beiden Angebote vergleichen könnt. Welches Angebot ist günstiger?

2 Betrachte Prospekte und finde selbst weitere Beispiele. Lege dazu eine Tabelle an.

Seite 32 Aufgabe 2

Produkt	Kleine Packung	Große Packung
Duschgel	1 Flasche 0,79 €	3 Flaschen 1,99 €
...		

3

Vergleiche mindestens zwei Preise aus Aufgabe 2.

a) Berechne, wie viel du jeweils sparen kannst, wenn du Großpackungen kaufst. Schreibe und rechne wie Max.

Seite 32 Aufgabe 3
a) ...

b) Erkläre einem anderen Kind deine Rechnungen.

* erkennen funktionale Beziehungen in alltagsnahen Situationen und nutzen diese zur Lösung entsprechender Aufgaben

1 Kosten für Süßigkeiten

a) Tim kauft für seine Geburtstagsfeier Schokolade und Gummibärchen ein.

Berechne wie viel Geld er dafür ausgeben muss.

Überlege dir Hilfsfragen, die dir weiterhelfen, wie z. B.:

Was kostet eine Tafel Schokolade?
Wie viele Kinder kommen zur Geburtstagsfeier?

Schreibe die nötigen Informationen, die Rechenschritte und die Antwort auf.

b) Isst du viele Süßigkeiten?

Überlege dir wie viele Süßigkeiten du in einem Jahr isst.

Berechne, wie viel diese Süßigkeiten zusammen kosten.
Überlege dir Hilfsfragen, die dir weiterhelfen, wie z. B.:
Wie viele Süßigkeiten esse ich ungefähr an einem Tag oder in einer Woche?
Schreibe die nötigen Informationen, die Rechenschritte und die Antwort auf.

c) Besprich mit einem anderen Kind, wie du vorgegangen bist und welche Ergebnisse du herausgefunden hast.

2 Kosten eines Hamsters

a) Maja kauft mit ihren Eltern im Zoogeschäft einen Hamster.

Überlege gemeinsam mit anderen Kindern, wie viel die Anschaffung und Haltung eines Hamsters für sein gesamtes Leben kostet.

Schreibt die nötigen Informationen, die Rechenschritte und die Antwort auf.

Besprecht mit anderen Kindern wie ihr vorgegangen seid und welche Ergebnisse ihr herausgefunden habt.

b) Gestaltet dann gemeinsam einen Tier-Steckbrief über den Hamster und hängt ihn in eurer Klasse auf.

* erweitern Sachsituationen um Zusammenhänge zu erfassen und zu erklären, und beschaffen sich geeignete noch fehlende Informationen

Passende Rechenoperationen und passende Fragen finden

1 Finde zu jeder Rechengeschichte das passende Streifenmodell. Übertrage es in dein Heft, fülle es aus und schreibe die passende Rechnung dazu.

Seite 34 Aufgabe 1
A – 3   B – ...

A Lisa kauft ein Buch für 7,50 Euro und Briefpapier für 3,40 Euro. Wie viel muss sie bezahlen?

B Tim hat 32 Euro in seinem Sparschwein. Für Bildkarten gibt er 3,80 Euro aus. Wie viel Geld hat er noch?

C Lena hat 45 Euro. Sie möchte eine Jacke für 72 Euro kaufen. Wie viel muss sie noch sparen?

D Ole kauft für 12,90 Euro einen Fußball. Er bezahlt mit einem 20-€-Schein. Wie viel bekommt er zurück?

E Sofie kauft einen CD-Player im Sonderangebot für 35 Euro. Der bisherige Preis dafür war 68 Euro. Wie viel hat sie gespart?

1
Kaufpreis
Sparguthaben | fehlender Betrag

2
Sparguthaben
Kaufpreis | Restguthaben

3
Einzelpreis | Einzelpreis
Gesamtpreis

4
Preis
Preis Sonderangebot | Einsparung

5
Bezahlt
Kaufpreis | Rückgeld

2 Tim will an seinem Kindergeburtstag mit seinen Freunden basteln. Er kauft dafür Pinsel für 3,20 €, bunte Pappe für 5,10 € und Klebestifte für 4,60 €. Oma gibt ihm für den Einkauf 15 €.

a) Schreibe auf, welche Fragen zu dieser Rechengeschichte passen.

A Wie viel muss Tim bezahlen?
B Wann hat Tim Geburtstag?
C Reicht das Geld von Oma?
D Kann Tim von dem Geld noch zwei Filzstifte für 1,20 € kaufen?
E Wie viel bekommt Tim zurück?
F Wen hat Tim eingeladen?
G Was kauft Tim ein?
H Wie viele Pinsel kauft Tim?

b) Beantworte die Fragen.

Seite 34 Aufgabe 2
a) A, ...
b) A: Tim muss .... € bezahlen.
⋮

* finden mathematische Lösungen zu Sachsituationen mit Größen
* entnehmen Darstellungen der Lebenswirklichkeit relevante Informationen und übersetzen diese in die Sprache der Mathematik

→ AH Seite 53

Rechengeschichten selbst erfinden

1 Wähle mindestens eine Rechenaufgabe von Einsterns Tafel aus und löse sie.
Schreibe dazu eine passende Rechengeschichte mit Frage (F) und Rechnung (R). Ergänze dann auch den Antwortsatz (A).
Zeichne zu deiner Rechengeschichte ein passendes Streifenmodell.

Seite 35 Aufgabe 1
Aufgabe: ...
F: ...
R: ...
A: ...
...

2 Wähle mindestens eine Frage aus.
Schreibe zu jeder eine kurze Rechengeschichte.
Schreibe die Frage (F), eine Rechnung (R) und eine Antwort (A) zu deiner Geschichte.

A Wie viele sind es zusammen?
B Wie viele fehlen noch?
C Wie viel ist noch übrig?
D Wie viel muss er bezahlen?
E Wie viel bekommt sie zurück?
F Reicht ihr Geld?
G Wie viele waren es am Anfang?

Seite 35 Aufgabe 2
1) ...
F: ...
R: ...
A: ...
...

3 Wähle mindestens einen Antwortsatz aus.
Schreibe zu jedem eine kurze Rechengeschichte.
Schreibe eine Frage (F), eine Rechnung (R) und die Antwort (A) zu deiner Geschichte. Setze in den Antwortsatz die passende Zahl ein.

A Sie müssen insgesamt ☐ Euro bezahlen.
B Er hat ☐ mehr als seine Schwester.
C Sie muss noch ☐ Euro sparen.
D Er hat noch ☐ übrig.
E Das Buch kostet ☐ Euro.
F Mama hat ihm ☐ geliehen.

Seite 35 Aufgabe 3
1) ...
F: ...
R: ...
A: ...
...

* finden zu gegebenen mathematischen Modellen passende Problemstellungen
* entwickeln zu gegebenen Fragestellungen entsprechende Sachsituationen
* übersetzen Problemstellungen in ein mathematisches Modell

Informationen aus Preistafeln entnehmen

PREISTAFEL SCHWIMMHALLE

1. Erwachsene	Einzelkarte	3,– €
	6er-Karte	15,– €
	20er-Karte	47,– €
	50er-Karte	110,– €
	3-Monats-Karte (gültig ab Lösungstag – Passbild nicht übertragbar)	55,– €
2. Familienkarten (3 Monate gültig ab Lösungstag)	1. Elternteil	45,– €
	2. Elternteil	30,– €
	1. Kind	22,– €
	2. Kind	22,– €
	ab 3. Kind	frei
3. Kinder 4 – 15 Jahre	Einzelkarte	1,50 €
	6er-Karte	8,– €
	20er-Karte	27,– €
	50er-Karte	59,– €

riesen rutschbahn

Preisliste *Stand 1. April 2012*

Erwachsene	
1 Fahrt	3,00 €
6 Fahrten	15,00 €
15 Fahrten	32,00 €
Erwachsene mit Kind unter 8 Jahren	
1 Fahrt	3,50 €
6 Fahrten	17,50 €
15 Fahrten	40,00 €
Kinder ab 8 Jahren	
1 Fahrt	2,00 €
6 Fahrten	10,00 €
15 Fahrten	22,00 €
Ab 20 Personen (Gruppe)	
Kinder ab 8 Jahren	
30 Fahrten	40,00 €
Erwachsene ab 14 Jahren	
30 Fahrten	50,00 €

Bei Regen und Nässe wird die Bahn gesperrt. Bereits gelöste Karten verfallen nicht und werden auch nicht zurückgenommen. Kinder unter 8 Jahren dürfen nur in Begleitung Erwachsener fahren.

seebusch abenteuerland

Im Winter geht Familie Schulz (Vater, Mutter und die 10-jährige Nele) häufig schwimmen.

Im letzten Sommer unternahm die Familie einen Tagesausflug zur Riesen-Rutschbahn.

1 Beantworte die Fragen zusammen mit einem anderen Kind.

a) Wie viel kostet ein Besuch im Hallenbad für Familie Schulz?

b) Wie viel muss die Familie für 20er-Karten bezahlen, wenn jede Person eine erhält?

c) Wie viel kosten Familienkarten für die ganze Familie?

d) Was ist für Familie Schulz günstiger: Der Kauf von Familienkarten oder der Kauf von 20er-Karten? Wie groß ist der Preisunterschied?

e) Beantwortet die Fragen a) bis d) auch für eure Familien.

f) Überlegt, was sich für euch oder eure Familien im Jahr lohnen würde.

2 Beantwortet auch diese Fragen gemeinsam.

a) Auf der Rutschbahn möchte jede Person mindestens einmal fahren. Wie viel kostet das mindestens?

b) Herr Schulz sagt schon vor der Abfahrt: „Ich gebe für das Rutschbahnfahren höchstens 30 € aus!“ Überlegt und besprecht, welche Fahrtmöglichkeiten es dann für alle Familienmitglieder gibt.

c) Beantwortet die Fragen a) und b) auch für eure Familien.

* entnehmen Darstellungen der Lebenswirklichkeit relevante Informationen
* entwickeln und nutzen Strategien zur Problemlösung

1 Im Restaurant bestellen und bezahlen

a) Suche dir mehrere Kinder, die mit dir gemeinsam eine Situation im Restaurant spielen.

Ein Kind ist die Bedienung/der Kellner, die anderen sind die Gäste, die einzeln oder gemeinsam etwas bestellen.

Die Bedienung/der Kellner schreibt eine Rechnung, die Gäste zahlen mit Spielgeld.

Die Preise könnt ihr aus den Karten unten auswählen oder ihr könnt selbst eine Speisekarte erstellen.

b) Überprüft die Rechnung und das Bezahlen mit Spielgeld.

c) Besprecht am Schluss, wie ihr miteinander umgegangen seid.

d) Schreibe eine kleine Rechengeschichte zu deinem Restaurantbesuch.

⋆ lösen Sachsituationen mit Größen
⋆ erweitern Sachsituationen, um Zusammenhänge zu erfassen und zu erklären

Beim Einkaufen alle Möglichkeiten finden

1 Max und Lisa kaufen sich am Kiosk etwas zu essen und zu trinken.

a) Schreibe alle Möglichkeiten auf, ein Essen und ein Getränk zusammenzustellen. Nutze dafür die Anfangsbuchstaben als Abkürzung.

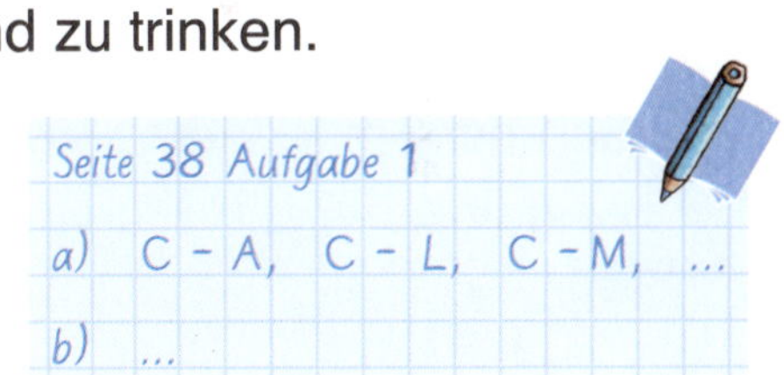

b) Stelle alle Möglichkeiten in einer Zeichnung dar. Entscheide dich für eine Darstellung. Übertrage sie in dein Heft und ergänze die Buchstaben.

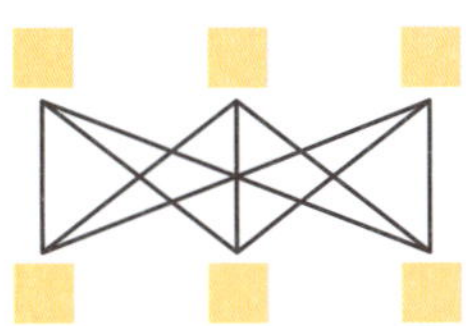

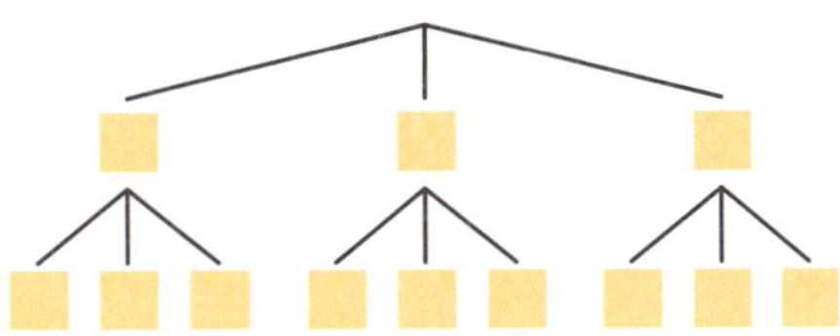

c) Entscheide gemeinsam mit anderen Kindern, welche Kombination die teuerste und welche die preisgünstigste ist.

d) Lisa möchte auf keinen Fall Mineralwasser trinken. Notiere alle Möglichkeiten, die sie hat, sich ein Essen und ein Getränk zusammenzustellen. Überlege dir selbst eine geeignete Darstellung.

* bestimmen die Anzahl der verschiedenen Möglichkeiten bei einfachen kombintorischen Aufgaben durch probierendes systematisches Vorgehen und stellen die Ergebnisse strukturiert dar

1 Suche dir ein anderes Kind. Lest zuerst die Geschichte.
Stellt euch zunächst abwechselnd Fragen zu dem Text und beantwortet sie.

Familie Müller geht zum Abschluss eines Ausflugs in das Gasthaus Krone. Herr Müller findet neben den acht Autos einen freien Parkplatz. Anke, zehn Jahre alt, wählt den freien Tisch in der Mitte aus. Jan, der achtjährige Sohn, zählt alle Gäste. Es sind 23.

Aus der Speisekarte wählen sie vier Speisen und jeweils ein Getränk für jeden aus. Jan wählt sein Lieblingsessen, Schnitzel mit Pommes, zum Preis von 8,50 €. Vater und Mutter essen beide das gleiche Gericht. Es kostet jeweils 11,50 €. Ankes Essen und alle Getränke kosten zusammen 18 €.

Bis alle ihr Essen bekommen, wollen die beiden Kinder mit einem Quartett spielen, das 32 Karten haben sollte. Leider fehlt eine Karte. Nach erfolglosem Suchen legen Jan und Anke das Quartett weg.

Als Vater mit einem 50-€-Schein bezahlt, sind nur noch sieben andere Gäste da. Vater steckt das Rückgeld ein. Um 19 Uhr fährt die Familie satt und müde nach Hause.

2 Findet gemeinsam heraus, wie viel Herr Müller bezahlen muss.

a) Schreibt nur die Informationen auf, die ihr benötigt, um die Lösung zu finden.

b) Schreibt einen neuen kurzen Text, der nur diese wichtigen Angaben enthält.

c) Schreibt nun die Rechnung und die Antwort zur Frage auf: „Wie viel muss Herr Müller bezahlen?“

Seite 39 Aufgabe 2
a) … b) …

3 Schreibe auf, was dir bei Sachaufgaben besonders leichtfällt und bei was du dich sehr anstrengen musst. (Frage finden, die passende Rechnung finden, den Antwortsatz finden oder zu der Rechnung die Rechengeschichte schreiben).

* entnehmen Darstellungen der Lebenswirklichkeit relevante Informationen und formulieren dazu mathematische Fragestellungen
* finden mathematische Lösungen zu Sachsituationen

Fragen zu einer Geschichte beantworten

Am Samstag fuhr ich mit meinem Vater mit dem Fahrrad von Berg im Gau nach Ingolstadt. Wir dachten, die Fahrt würde sehr bequem, weil unser Haus in Berg im Gau 410 m über dem Meer liegt und das Eiscafe in Ingolstadt nur 367 m.

Bereits nach 15 Minuten mussten wir anhalten. Einer meiner Reifen war platt.
Mein Vater war sehr schnell beim Flicken. Schon nach 10 Minuten konnten wir weiterfahren. Es war toll, 30 Minuten auf gerader Strecke zu fahren, bis mein Vater an meinem Fahrrad schon wieder einen Plattfuß beheben musste. Er schimpfte, weil ich so schnell über Steine und Gehweg-Kanten gefahren war. Wir machten auch gleich eine Pause und aßen jeder eine belegte Semmel.

Nach 45 Minuten fuhren wir endlich weiter. Es waren nur noch 30 Minuten Fahrt bis nach Ingolstadt. Dort gab es endlich ein Eis! Ich bekam drei Kugeln, meinem Vater reichte eine Kugel. Eine Kugel kostete 80 Cent.
Weil mein Vater kein Flickzeug mehr hatte, fuhren wir um 16:45 Uhr mit dem Zug zurück bis Niederarnbach. Die Fahrt dauerte 30 Minuten. Leider mussten wir auch für die Fahrräder Fahrkarten lösen. Alle Fahrkarten kosteten zusammen 15 €. Von Niederarnbach fuhren wir dann mit dem Rad nach Hause. Das dauerte noch einmal 15 Minuten.

Jan

1 Lies den Text. Entscheide, ob man die folgenden Fragen direkt aus dem Text beantworten kann (T), ob man sie gar nicht beantworten kann (X) oder ob man zuerst eine Rechnung machen muss (R). Beantworte die Fragen, wenn möglich.

a) Wie viele Personen fuhren mit dem Rad?
b) Wie teuer war das Eis insgesamt?
c) Wie viel kostete die Zugfahrt für ein Fahrrad?
d) Wie oft musste Vater einen Reifen flicken?
e) Wie teuer waren die belegten Brote?
f) Wie lange war die reine Fahrzeit nach Ingolstadt?
g) Wie viele Wegkreuzungen gab es unterwegs?
h) Wann waren die beiden wieder in Berg im Gau?
i) Überlege dir weitere Fragen, für die T, X oder R gilt. Beantworte sie.

Seite 40 Aufgabe 1
a) T: 2 Personen
b) R: 80 ct + …
⋮
c) …

⋆ entnehmen relevante Informationen aus einem Text und formulieren dazu mathematische Fragestellungen